ANALYSE CHYMIQUE DES TERRES

De la Province de Touraine, des différens Engrais propres à les améliorer, & des Semences convenables à chaque espéce de Terre.

MÉMOIRE

Lu à la Société Royale d'Agriculture du Bureau de Tours,

Par M. DUVERGÉ, Doct. en Médec. Aggrégé au Coll. des Médec. de Tours, Membre de ce Bureau.

Humus superanda colendo est.
Rap. Hort. l. 2.

A TOURS,

Chez F. LAMBERT, Impr. du Roi & de la S. R. d'Agric. de la Génér. de Tours. 1763.

Avec Approbation & Privilége du Roi.

ANALYSE

CHYMIQUE

Des Terres de la Province de Touraine, des différens Engrais propres à les améliorer, & des Semences convenables à chaque espéce de Terre,

IL est tems, Messieurs, de remplir l'idée de notre institution, en réunissant tous nos travaux & toutes nos recherches, pour jetter dans la Touraine les fondemens d'un plan fixe & méthodique d'Agriculture.

Ce projet est vaste, & les difficultés qu'il présente à l'esprit ne peuvent être surmontées que par la Physique expérimentale, dont les opérations sagement dirigées nous développent, autant qu'il est possible, tous les corps & toutes les substances qui servent à la végétation.

Vous connoissez comme moi, Messieurs, tout ce qui a été dit jusqu'à ce jour dans les Traités d'Agriculture, & entre autres dans le Journal œconomique, tant ſur la nature des Terres, que ſur la néceſſité de leur mêlange.

Je ne viens donc point ici en diſcuter les préceptes, je les regarderois même comme inconteſtables, ſi les expériences réitérées que j'ai faites ne m'avoient appris de quelle importance il eſt de n'en admettre les conſéquences, que ſur la connoiſſance parfaite du caractére & de la propriété des Terres de chaque Canton.

Pour parvenir à ce but, j'ai décompoſé & analyſé par le moyen de l'eau & du feu pluſieurs eſpéces de Terres de la Province de Touraine, j'en ai traité pluſieurs avec les Alkalis & les Acides; j'ai paſſé à l'examen de certaines Terres propres à en améliorer d'autres. J'ai même multiplié, autant qu'il m'a été poſſible, le nombre de ces engrais naturels, afin que manquant d'une eſpéce dans un Canton, on puiſſe en ſubſtituer d'équivalens.

J'ai auſſi examiné les fumiers des animaux & le mêlange avantageux qu'on peut en faire; j'ai enfin pouſſé mes recherches juſques ſur les ſemences analogues à ces différentes Terres.

Ce ſont ces expériences dont je viens vous rendre compte, en mettant ſous vos yeux tous mes procédés & les Terres dont je me ſuis ſervi, en ſoumettant mon travail à vos lumiéres & à l'examen que vous voudrez bien en faire, pour lui donner la perfection dont il a beſoin.

Par le mot de *Terre* on entend en général un composé de différentes parties séches & humides, qui forment une maſſe dont les molécules ſont plus ou moins rapprochées, ſuivant la nature du gluten qui les unit ; mais comme ce gluten ainſi que les différentes parties qui composent ce tout, ne ſont pas faciles à connoître par la variété infinie de leur aſſemblage & de leur couleur, il en réſulte que la diſtinction des Terres & leur Analyſe ont toujours paſſé pour un objet très difficile à traiter. Je me crois néanmoins fondé à vous démontrer, Meſſieurs, qu'on peut, en ſuivant le langage même du Cultivateur de la Province, établir quatre claſſes de Terres productives, en leur aſſignant des caractéres relatifs à leur mêlange, & enfin une cinquiéme claſſe, dont la propriété particuliére eſt de ſervir d'engrais aux autres eſpéces.

La premiere eſt celle des Terres de Varenne, ou Terres légéres.

La deuxiéme, celle des Terres Sablonneuſes.

La troiſiéme, des Bournais ou Glaiſes.

La quatriéme, des Aubuis, ou Argilles.

La cinquiéme, des Marnes, ou Terres calcaires, qui ſervent d'engrais naturels aux autres eſpéces.

Des Terres de Varenne, ou Terres légéres.

La Terre de Varenne eſt ordinairement de couleur brune, elle eſt légére, n'eſt ni douce ni graſſe au toucher, ne produit aucun effet ſenſible ſur la langue, mais lorſqu'on l'arroſe avec de l'eau, elle rêpand une odeur aſſez agréable, attribut qui caractériſe les bonnes Terres, ſur tout lorſqu'elle eſt priſe dans les campagnes & dans le meilleur Canton, comme eſt celle de la lettre A.

Je vais entrer dans le détail des procédés dont je me ſuis ſervi, pour en connoître l'eſſence & les propriétés.

1°. J'ai pris trois livres de cette Terre qu'on avoit laiſſée repoſer pendant du tems; j'ai verſé deſſus quatre livres d'eau bouillante.

2°. J'ai agité le mêlange, je l'ai expoſé pendant ſix heures ſur un feu modéré & je l'ai laiſſé repoſer pendant deux jours, afin que les parties les plus groſſiéres & les plus peſantes ſe précipitaſſent au fond du vaiſſeau.

3°. J'ai décanté la liqueur qui ſurnageoit, & je l'ai filtrée : elle a paſſé claire & tranſparente, en laiſſant ſur le papier une Terre très fine que j'ai eſſayée avec la teinture de Tourneſol ſur laquelle elle n'a produit aucune altération.

4°. Pour rapprocher les parties conſtituantes de cette Terre & pour les manifeſter aux ſens, j'ai fait évaporer cette diſſolution par le moyen d'un feu modéré.

5°. J'en ai mis la moitié dans la cave pour faire cryſtalliſer les ſels, ſi elle en contenoit.

6°. Quelque loin que j'aye pouſſé le feu ſur l'autre moitié, il ne m'a pas été poſſible de la réduire en forme d'extrait ; je n'ai pu obtenir qu'une petite quantité de ſédiment qui m'a paru avoir un caractére ſéléniteux, puiſque les Acides & les Alkalis n'ont eu aucune priſe deſſus, & que ce même ſédiment eſt devenu inſoluble dans l'eau, car quelque diviſé qu'il y ait paru, ayant verſé parmi le mêlange de l'eſprit de vin, le gyp qui fait la baſe ordinaire de la ſélénité, s'eſt dégagé & s'eſt précipité au fond du vaiſſeau.

7°. La partie que j'avois miſe à la cave a fourni une pellicule ſaline très légére, qui ſans donner par la figure aucun autre ſigne certain de ſel, avoit au goût celui du ſédiment.

8°. J'ai enſuite fait pluſieurs lotions ſur les parties terreuſes & groſſiéres qui s'étoient précipitées dans le tems des infuſions ; j'en ai ſéparé à chaque fois la liqueur de la partie bourbeuſe, ce procédé m'a produit une grande quantité de ſable très fin.

9°. J'ai expoſé cette Terre à un feu ouvert, elle ne s'y eſt pas durcie, ce qui prouve manifeſtement qu'elle n'eſt point argilleuſe ; il s'enſuit

Que les Terres de Varenne contiennent du ſable, & une aſſez grande quantité de Terre qu'on peut délayer dans l'eau, mais très peu qui puiſſe ſe diſſoudre.

Que les ſels qu'elle contient ſont ſéléniteux, puiſque la Terre fine qui a reſté ſur le papier n'a produit aucun changement ſur la teinture bleuë des végétaux.

Que le ſédiment n'a fait aucune efferveſcence, comme je l'ai déja dit, avec les Alkalis & les Acides.

Et enfin que ce réſidu n'a pu être diſſous par l'eau, puiſque l'eſprit de vin ajoûté au mélange s'eſt emparé de l'eau, & a forcé le ſédiment de ſe précipiter au fond. Quoique cette Terre paſſe pour une des plus productives & une des meilleures de toutes celles qui ſont dans la

Province, malgré cela on doit la regarder comme une Terre qui ne contient pas aſſez de principes terreux gras, ni aſſez de ſels propres à ſe diſſoudre exactement dans l'eau, & à opérer par elle-même la fécondité : c'eſt ce qui fait qu'on a recours ordinairement au fumier des animaux ; mais comme la matiere précieuſe qui convient à la nutrition des Plantes, ne ſe trouve pas dans ce fumier ſeul, & que ces ſortes d'amendemens doivent être renouvellés trop ſouvent, il ſera toujours préférable de leur donner un engrais naturel qui leur fourniſſe un principe terreſtre, fin, doux, liant, &c. en un mot, tel que les ſubſtances qui ſont indiquées à la ſuite de ce Mémoire, dans la Table d'affinité.

Des Terres Sablonneuſes.

Il y a pluſieurs eſpéces de Terres Sablonneuſes qui contiennent plus ou moins de Terre végétale : parmi toutes ces eſpéces j'ai choiſi celle qui en contient le moins, elle eſt indiquée par la lettre B.

J'ai pris quatre livres de cette Terre que j'ai fait leſſiver & filtrer ; j'en ai fait évaporer le réſidu, je ne me ſuis point apperçu que le principe élémentaire terreux qu'elle contient puiſſe ſe gonfler, & encore moins ſe diſſoudre dans l'eau.

Pour m'en convaincre davantage j'ai verſé ſur cette Terre de l'huile * de Vitriol, j'en ai ſéparé par la diſtillation à une chaleur modérée les eſprits corroſifs, j'ai enſuite verſé deſſus le réſidu de l'eau chaude, afin de le diſſoudre ; je l'ai filtré, & j'ai ajoûté au mêlange une diſſolution alkaline ; j'ai obſervé que cette leſſive n'a preſque pas été troublée par l'Alkali, & qu'elle n'a formé qu'un petit nuage qui eſt le produit de l'Alkali même, plutôt que de toute autre matiere qui y ait été diſſoute.

J'ai auſſi eſſayé cette Terre par le moyen du feu, mais ne contenant pas aſſez d'argille, loin d'y devenir compacte, elle m'a paru au contraire friable & propre à être pulvériſée ; ce qui prouve que toute ſa ſubſtance n'eſt autre choſe qu'une Terre vitrifiable ou du ſable ; c'eſt ce qui fait auſſi qu'elle laiſſe échapper l'eau à meſure qu'elle la reçoit, & que ſa ſtérilité ne peut céder à l'induſtrie du Laboureur, qu'en l'amendant avec un engrais naturel qui, en lui fourniſſant de la Terre vé-

---

* Procédé de Pott.

gétale, ait encore la propriété d'en rapprocher les autres principes afin de lui faire conſerver aſſez d'humidité dans ſon ſein, pour que les ſemences qu'on y dépoſe puiſſent ſe gonfler, s'étendre & acquérir tout l'accroiſſement convenable: les matieres qui produiront cet effet & conſéquemment l'amendement de ces Terres, ſont indiquées par ordre dans la Table d'affinité.

Des Terres - Bournais.

On entend par Terre - Bournais dans cette Province, une eſpéce de Terre glaiſe, lourde, compacte & froide, qui ſcelle l'eau. Ces Terres différent entre elles par la couleur, car les unes ſont jaunes & rouges, voyez les lettres C. & D.

Les autres blanches, voyez la lettre E, les autres noires, voyez la lettre F. Toutes ces Terres ſont très difficiles à façonner; les blanches & les noires ſont cependant quelquefois plus aiſées, étant moins compactes & moins humides que les premieres, mais elles contiennent toutes à quelque choſe près les mêmes principes. On reconnoît par les procédés

1°. Que le ſable n'entre que pour un huitiéme ou neuviéme dans la compoſition de la Terre-Bournais, mais qu'elle contient beaucoup de Terre graſſe, fine & viſqueuſe qui ſe délaye difficilement dans l'eau, même dans celle qui eſt bouillante.

2°. Que dans l'évaporation faite ſur pluſieurs diſſolutions de ces Terres, il s'attache aux parois du vaiſſeau une Terre ſubtile, gluante, que l'eau abandonne.

3°. Que quelque procédé qu'on tente ſur cette Terre, pour reconnoître la nature des ſels qu'elle contient, tout indique la préſence d'un ſel neutre.

4°. Qu'étant humectée avec l'eau, elle devient tenace.

5°. Que ſon vice dominant eſt d'abonder en molécules terreuſes, fines, ſpongieuſes, extenſibles, & que par une ſuite de cette conſtitution elle devient ductile & doit ſceller l'eau.

6°. Qu'elle a le défaut de contenir trop de ſucs viſqueux & gluans, & point aſſez de ſels pour les fixer, car on ſçait que les ſels ſont les agens dont ſe ſert la nature pour unir intimément les huiles avec l'eau.

7°. Que cette Terre ne contenant pas aſſez de gros ſable, les mottes conſidérables qu'on voit à ſa ſurface ſe trouvent trop intimément liées, le Soleil ne peut en conséquence les pénétrer ni les échauffer.

Il résulte de ces différentes observations, que pour rendre essentiellement plus fertiles les Terres de cette nature, il faut leur donner un engrais qui divise leurs parties, tel que le gros sable & le gravier, ou qui contienne des sels comme les Marnes qui sont dans les différentes cases de la boëte, ou de la Table d'affinité.

Le mêlange des Aubuis-Perrucheuses convient encore aux mêmes Terres, parce qu'elles renferment beaucoup de petites pierres, & que la Terre qui se trouve parmi est plus friable que compacte.

Les Bournais renferment encore dans leur intérieur, à trois ou quatre pieds de profondeur un gros sable ou gravier rouge, qu'on nomme dans le Pays *Roussiére*, qui peut servir à leur amendement; on trouve aussi fort souvent sous ce même gravier de la Marne de la classe des pures.

Des Aubuis.

Les Terres qu'on nomme Aubuis, sont des Argilles qu'on distingue sensiblement dans cette Province d'avec les Glaises ou Bournais, parce qu'on a reconnu, par les essais qu'on en a faits, qu'elles contiennent beaucoup plus de Terre capable de se dissoudre dans l'eau, qu'elles sont moins froides, qu'on y trouve aussi plus de sable ou de gravier, & qu'elles se laissent plus facilement pénétrer par l'eau que les Terres-Bournais. Cet élément leur est même si nécessaire qu'elles ne peuvent être manœuvrées que pendant la pluie, tandis que les Bournais deviennent dans ces tems-là d'une tenacité, d'une résistance si grande, que le Laboureur ne peut les vaincre, & qu'il est obligé d'attendre un tems sec pour les travailler. Elles différent encore par rapport aux pellicules qui se forment sur leurs lessives, puisqu'elles sont plus épaisses & ont beaucoup plus le caractére de sel, que celles qu'on trouve sur la lessive des Glaises.

Toutes ces circonstances exigent donc qu'on ne les confonde pas avec les Bournais : au reste cette distinction est ici d'autant plus nécessaire de notre part, qu'il n'y a pas de Laboureur du Pays qui ne connoisse par la pratique des labours, & par le succès des récoltes, la différence essentielle qui se trouve entre l'une & l'autre.

Parmi les Aubuis, il y en a de jaunes, de blanches & de noires; les deux dernieres sont les plus communes dans ce Pays, elles ſont auſſi d'une meilleure qualité que la premiere, parce qu'elles ſont moins tenaces & qu'étant plus faciles à labourer, le ſuccès en eſt auſſi plus certain.

Il y a encore parmi les Aubuis une eſpéce qu'on nomme Perrucheuſe, elle contient un mêlange aſſez exact de Terre végétale, de ſable, de craie, ou de cailloux, &c. Cette eſpéce de Terre de quelque couleur qu'elle ſoit, convient ſinguliérement à toute eſpéce de ſemence & de plantation.

Les Aubuis noires ou blanches ne s'accommoderoient point du tout de la chaux pour engrais, il leur faut au contraire de la Marne pure, ou de la Marne argilleuſe, ou ſablonneuſe, &c. il faut encore qu'elle ſoit alliée fort ſouvent aux fumiers des animaux : toutes les Marnes contenuës dans la Table à la ſuite de ce Mémoire, conviennent pour les amender.

Les Aubuis-Perrucheuſes ne demandent point de Marne, on ruineroit ſans reſſource la nature de ce ſol ſi on leur en donnoit, à moins que ce ne ſoit des faluns, &c. & encore faut-il qu'ils ſoient mêlés avec le fumier des animaux.

Les engrais artificiels au contraire leur conviennent, & ces engrais doivent être préparés comme on le verra à l'art. du fumier de la deuxiéme claſſe des animaux. La lettre G, indique l'Aubuis blanche; la lettre H l'Aubuis jaune; la lettre I l'Aubuis noire, & la lettre K l'Aubuis-Perrucheuſe.

Des Marnes, ou des Engrais naturels.

La Marne en général eſt graſſe, ſavonneuſe, elle eſt répanduë par tout. On s'en ſert non ſeulement pour l'amélioration des Terres, la conſtruction des bâtimens, mais encore pour la fabrique de la fayance & pour celle de la porcelaine.

On compte différentes eſpéces de Marnes, parmi leſquelles il y en a beaucoup de pures; mais comme il s'en trouve auſſi une quantité aſſez conſidérable mêlée à d'autres ſubſtances qu'on pourroit même diviſer à l'infini, il m'a paru néceſſaire de les diſtinguer en quatre claſſes.

Les Marnes pures des N°s 1, 2, 3 & 4, formeront la premiere claſſe.

Les Marnes argilleuſes contiendront la ſeconde.

La Marne pierreuſe, le marbre, la craie, certaines eſpéces d'Ardoiſes, formeront la troiſiéme.

Les Maniers & les Faluns contiendront la quatriéme & derniere claſſe.

Toutes

Toutes ces Marnes ſont ou blanches, ou griſes, noires ou bleuës, &c.

Mais comme cette variété ne conſiſte que dans la couleur, la forme ou les accidens, puiſqu'elles ont toutes pour baſe une Terre calcaire, dont les molécules ſont rapprochées & réunies par un gluten qui leur eſt propre, il m'a paru ſuffiſant pour mon objet d'analyſer une de ces claſſes, * afin qu'en connoiſſant ſes propriétés, on puiſſe juger, à quelque choſe près, de la qualité de toutes les autres. Les Marnes pures me ſerviront ici d'exemple.

Des Marnes pures.

Premiere Claſſe.

J'ai pris une certaine quantité de Marne du N° 1 de la claſſe des pures, j'ai procédé deſſus comme je l'ai dit ailleurs.

1°. Le produit des leſſives évaporé a laiſſé aux parois du vaiſſeau une Terre blanche, douce, légére, très fine.

2°. Il s'eſt formé une pellicule ſaline aſſez conſidérable ſur la ſurface.

3°. J'ai pouſſé le feu juſqu'à ſiccité ſur la liqueur concentrée, il m'a reſté une

* Méthode de Pott.

matiere graſſe, * onctueuſe, ſaline, très ſubtile, qui a changé ſubitement en verd la couleur du ſyrop violat.

4°. J'ai fait de nouvelles diſſolutions ſur ce réſidu, il ne m'a pas été poſſible de rien obtenir de terreſtre, parce qu'il n'y avoit plus, ſelon toute apparence, que du ſel Alkali dans cet extrait : tout le monde ſçait la facilité avec laquelle il ſe diſſout non ſeulement dans l'eau, mais même lorſqu'il eſt expoſé à la moindre humidité.

5°. J'ai eſſayé cette Marne avec un Acide, elle s'eſt gonflée & elle a fait une efferveſcence aſſez vive, ce qui prouve encore la préſence de l'Alkali.

6°. J'en ai mêlé avec de la Terre-Bournais, ** j'ai verſé deſſus de l'eau légérement chargée d'eſprit de nître : cet alliage s'eſt non ſeulement gonflé & a fait une vive efferveſcence, mais encore les molécules de la Terre-Bournais ſe ſont ſenſiblement diviſées & écartées, parce que l'Alkali ſavonneux de la Marne a procuré à la Terre-Bournais, inſoluble par elle-même, l'efferveſcence avec l'Acide nîtreux & le moyen de s'y unir.

---

* C'eſt le ſel Alkali qui rend la Marne graſſe au toucher.

** On verra à la Table d'affinité les quantités.

7°. Ayant mis de cette Marne au feu, elle ne s'y eſt pas durcie, & elle n'a plus fait efferveſcence que foiblement avec les Acides, ce qui prouve qu'elle ne contient point d'Argille, & que ſon gluten ayant été chaſſé par le feu, elle a beaucoup perdu de ſa propriété ; au reſte c'eſt aſſez le propre de quelques Marnes pures, d'être altérées par le feu comme il arrive au Savon, tandis que ce même élément augmente la vertu de pluſieurs autres eſpéces, comme on le verra ci-après.

Il s'enſuit donc que cette Marne 1°. eſt un composé exact de Terre fine, légére, graſſe, ſavonneuſe, & qu'elle contient aſſez de ſel pour rendre la graiſſe & l'huile miſcibles avec l'eau.

2°. Que ſi on l'expoſe à l'action de l'air, elle en attire l'eau qu'il contient, & l'Acide tant univerſel que particulier qui ſe trouve répandu par tout, avec lequel elle fermente plus ou moins vivement, ſelon qu'elle eſt plus ou moins pure. Elle s'en ſature même & devient par ce procédé de la nature un ſel moyen, qui a la propriété eſſentielle non ſeulement de ſe gonfler & de ſe diſſoudre exactement dans l'eau, comme on l'a vu par le procédé quatriéme ; mais encore de ſuivre la route de ce fluide dans les vaiſſeaux les plus tenus des Plantes, où sa force intrusive le fait pénétrer afin de concourir à leur accroissement & à leur nourriture, sans en altérer ni l'essence ni la qualité.

3°. Que ces propriétés doivent faire regarder la Marne pure comme l'engrais le plus propre & le plus nécessaire qu'il y ait dans la nature pour l'amélioration de plusieurs espéces de Terres, principalement pour les Terres-Bournais ou Glaises, puisque par leur moyen les graisses & les huiles que ces Terres contiennent deviennent miscibles avec l'eau, & que leurs molécules sont sensiblement divisées & écartées, ce qui donne la liberté à la pluie, au Soleil & à l'air de les pénétrer jusques dans leur sein, aux semences de se développer, & à leurs radicules de s'allonger, d'y recevoir enfin tout le degré de fécondité dont elles sont susceptibles.

Cette espéce de Marne sert encore utilement à l'amendement des Prés bas & marécageux, &c. non seulement en détruisant la mousse, mais encore en desséchant l'humidité superfluë qui se trouve dans ces Prés, pourvu cependant qu'elle n'y soit pas habituelle.

4°. Que le feu en chassant son gluten diminue sa vertu, comme on l'a vu par le procédé huitiéme; c'est ce qui fait qu'elle doit être rangée parmi les Marnes dont la qualité consiste en partie dans le gluten qui en unit les parties, puisqu'elle n'a plus fermenté avec la même vivacité avec les Acides, & que par une suite de ce caractére elle doit être employée tout de suite & mêlée dans la Terre qu'on veut amender, sans l'exposer comme on fait plusieurs autres espéces, à la pluie, au Soleil, ou à l'action de l'air, afin de la préparer.

Il résulte donc que toute Terre qui est savonneuse, friable, douce au goût & au toucher, qui se gonfle dans l'eau, s'y divise & s'y fond, qui fait une effervescence vive avec les Acides, & qui ne se durcit point au feu, qu'importe de quelle couleur elle soit, est réputée Marne pure, comme est celle du N° 1, qui a servi aux expériences ci-dessus. Cette espéce se trouve communément dans la Paroisse de S. Avertin; celle du N° 2 de la même classe est de S. Cyr; celle du N° 3 est du Chatellier; celle du N° 4 est la farine fossile calcaire: cette espéce n'est pas commune dans ce Pays-ci, je n'en ai trouvé qu'au Moulin du Pont de la Motte.

Il y a aussi des Marnes pures de toutes couleurs, & sur tout blanches à Chanteloup, dans les environs d'Amboise & de

Montlouis, au Châtaignier, à Beaumont la Ronce, dans la Paroiſſe de Sainte Radegonde, à Luynes, à Montbaſon, à Candé, &c. Il arrive aſſez ſouvent qu'on la trouve à fleur de terre ou dans les fentes des montagnes ; & ſi on eſt obligé de faire des puits dans l'intérieur de la Terre, on la rencontre preſque toujours à trois pieds de profondeur, & le ſol qui la couvre eſt aſſez ſouvent de la nature des Terres-Bournais, ou de pareil caractére.

On obſerve enfin que quand on tranſporte ces ſortes de Marnes ſur les Terres, on doit paſſer tout de ſuite un labour par deſſus. La quantité qu'on doit employer pour chaque arpent, ſera détaillée à la Table d'affinité.

Des Marnes Argilleuſes.

Deuxiéme Claſſe.

Il y a deux eſpéces de Marnes argilleuſes, l'une eſt terreſtre & l'autre eſt ſablonneuſe. La premiere eſt une Terre graſſe, molle, douce au toucher, qui éclate au feu, qui s'y durcit, & qui ſe diviſe dans l'eau, elle s'y débarraſſe même ſinguliérement de toute autre ſubſtance que de la Terre calcaire avec laquelle elle reſte toujours intimément attachée : il y en a de blanches, de griſes, de jaunes & de bleuës.

La Terre à foulon eſt dans la claſſe des blanches : elle eſt fine au toucher, d'une odeur un peu limonneuſe, & elle ſe diviſe en lames ; l'eſſence de cette Terre eſt d'être une Argille pure, mais ſon mêlange avec la Terre calcaire lui fait acquérir le caractére des Marnes.

La griſe différe très peu à tous égards de la blanche : quant aux deux dernieres, elles contiennent tous les attributs des premieres pour la moleſſe, l'onctuoſité & la douceur au toucher ; mais comme elles font moins d'efferveſcence avec les Acides que la blanche & la griſe, on doit les préférer en conſéquence pour amender les Terres légéres, entre autres les ſablonneuſes & les graveleuſes, puiſqu'on ſçait 1°. que les Terres légéres ſe deſſéchent promptement, parce qu'elles manquent de principes onctueux & gras, qu'elles ne peuvent obtenir par le moyen des ſeuls fumiers des animaux.

2°. Que les Terres graveleuſes & les ſablonneuſes ſur tout, ne ſont ſtériles que parce qu'elles ne contiennent point ce principe liant, qui leur eſt cependant néceſſaire pour conſerver dans leur intérieur autant d'humidité qu'elles en ont besoin, ni aucun élément terreux qui puisse se délayer, encore moins se dissoudre dans l'eau; de sorte qu'il ne leur reste qu'une chaleur excessive qui brûle toute espéce de semence au lieu de la conserver, de la faire croître & multiplier.

3°. Qu'on ne peut mieux faire que d'employer ces espéces de Marnes pour l'amélioration des Terres dont il s'agit ici, puisqu'elles contiennent des propriétés toutes oposées à celles qu'on se propose d'améliorer, & qu'elles leur fournissent en outre un engrais fécond, solide & durable.

L'Argille pure sans être marneuse convient encore aux sols graveleux & sablonneux, parce qu'elle donne des entraves, de la consistance aux molécules qui la composent, & qu'elle modére leur chaleur brûlante.

La Marne terrestre, argilleuse, du N° 5, ou la Terre à foulon, est de Baudry, c'est la meilleure de toutes celles qu'on trouve dans ces Cantons.

La Marne grise du N° 6 est de Grandmont. On trouve ces deux espéces dans toute la Province, mais on doit préférer celles qu'on tire des puits qu'on fait exprès pour l'extraire, à celles qui se trouvent répanduës près la superficie, parce qu'elles sont plus pures.

La jaunâtre du N° 7, eſt de la Breteche Fauxbourg S. Symphorien ; la bleuë du N° 8, ſe trouve le long de la levée de Grandmont à la ſortie de Tours, dans le champ des ſept Dormans, dépendant de Marmoutier ; il y en a auſſi dans tous les endroits où on ſoupçonne des eaux ſouterreines, & ſur tout dans les lieux où il y a des indices de mines de charbon de Terre.

Voici encore, Meſſieurs, deux eſpéces d'Argilles qu'on confond aſſez communément avec la Marne. Il eſt vrai qu'elles en ont les ſignes extérieurs ; malgré cela elles doivent être regardées comme des Argilles pures, puiſqu'elles ne fermentent point avec les Acides, qu'elles ſe durciſſent au feu, & même qu'elles font feu avec l'acier après qu'elles en ſont ſorties.

Celle du N° 9 ſe trouve dans le cœur des Rochers à couches, auſſi la nomme-t'on *medulla Saxorum* ou moëlle de Rochers : j'ai trouvé celle-ci au Pont de la Motte.

La ſeconde du N° 10, eſt la Pierre de Lard ou Pierre Olaire, elle ſe trouve derriere l'Égliſe de Marmoutier. Cette derniere eſpéce ſe fend, ſe diviſe promptement par feuillets dans l'eau, elle eſt en outre graſſe & ſavonneuſe ſans être tenace, c'eſt ce qui la rend très propre aux Terres légéres & ſablonneuſes, puiſqu'elle leur fournit de l'onctuosité & qu'elle est capable de leur donner la consistance qui leur manque.

Des Marnes-Argilleuses-Sablonneuses.

Cette seconde classe n'est pas si grasse ni si onctueuse que la premiere ; elle se durcit aussi moins au feu ; elle est plus friable, plus légére, & elle fait effervescence beaucoup plus vivement avec les Acides que la premiere espéce.

On pourroit mettre dans la classe des Marnes sablonneuses les Argilles colorées, ou certaines Terres bolaires qui fermentent vivement avec les Acides.

On observe que la plûpart de ces Terres doivent cette action à leur alliage avec le fer, tandis que plusieurs autres espéces ne la doivent qu'aux substances alkalines : il est au reste très facile de distinguer les unes des autres, car si elles contiennent du fer, elles font effervescence avec les Acides, non seulement comme celles qui sont calcaires, mais encore elles se fondent tout de suite au feu du miroir ardent ; si elles contiennent du fer, en les appliquant à l'action de l'eau régale, cette derniere se chargera subitement du Mars, & l'Argille restera blanche quelque colorée qu'elle soit : on peut employer l'une & l'autre avec beaucoup de ſuccès * à amender les Aubuis franches ou Argilles, en les mettant toutefois avec les fumiers des animaux.

La Marne griſe-ſablonneuſe du N° 11, eſt des environs de S. Chriſtophle; celle du N° 12 ſe trouve dans la Paroiſſe de Sainte Aldegonde; celle du N° 13 eſt une eſpéce de Terre bolaire qui eſt plus argilleuſe que calcaire; celle du N° 14 eſt des environs de Chinon, c'eſt une des bonnes eſpéces de Marne qu'il y ait, parce qu'elle contient tout à la fois beaucoup de gros graviers & que la ſubſtance marneuſe qu'elle renferme eſt très active, ce qui la rend propre à améliorer toutes les eſpéces de Bournais ou Glaiſes.

Troiſiéme Claſſe des Marnes.

De la Marne Pierreuſe.

La Marne pierreuſe différe des autres Marnes en ce que les différentes parties qui la compoſent, ſont réunies & intimément rapprochées ſous la forme de pierre par un gluten particulier, qui loin d'en augmenter la vertu, la diminue & l'affoiblit

* Sur tout celles qui ſont calcaires.

considérablement, puisqu'avant d'être exposée au feu elle ne fermente que foiblement avec les Acides, & que ce principe onctueux une fois chassé par le feu violent des fours à chaux, elle acquiert la propriété des Marnes les plus pures, puisqu'elle fait une effervescence très vive avec les Acides; qu'elle écarte, & qu'elle ouvre singuliérement la Terre avec laquelle on la mêle; puisqu'enfin elle contient beaucoup plus de sels & de particules ignées que les autres espéces: aussi est-elle regardée comme un engrais précieux & préférable pour les Terres froides & humides, dont les parties ont besoin d'être échauffées & dilatées, parce qu'elles manquent de sel, comme sont les Glaises & les Terres-Bournais rouges, jaunes; & pour celles qui sont épuisées par des végétations forcées.

La Marne pierreuse se présente à nos yeux sous différentes formes. Certaines ardoises, le spath, la craie, le marbre, sont des espéces de pierres Marneuses dont on peut faire la chaux; parmi toutes ces matieres on peut s'assurer facilement de celles qui méritent la préférence, par le moyen de l'esprit de nître, car plus l'effervescence est vive avec cet esprit, plus elles contiennent de substances alkalines & par conséquent plus elles sont propres à faire la chaux.

J'ai dit certaines eſpéces d'ardoiſes, car celles qui ſont eſſentiellement calcaires deviennent par le feu une chaux entiérement blanche, elles méritent d'être diſtinguées de celles qui ſe trouvent confonduës avec les décombres des maiſons, parce que ces dernieres n'acquiérent cette qualité que par l'action de l'air & de la chaux qui les ont pénétrées.

L'ardoiſe marneuſe ſe reconnoît encore parce qu'elle ne ſe fond point au feu, tandis qu'il s'en trouve beaucoup à qui il arrive le contraire: elles y deviennent même un verre à qui on donne * différentes formes; les Hollandois font auſſi de très bonne chaux avec toutes les coquilles des animaux teſtacés.

La pierre à chaux du N° 15 eſt de Beaumont-la-Ronce, elle eſt reconnuë pour une des meilleures de la Province pour les Terres & pour les bâtimens : ce Canton eſt en outre ſinguliérement favoriſé de toute eſpéce de Marne propre à améliorer les Terres de différent caractére ; on y fabrique auſſi du carreau d'une qualité ſupérieure.

Celle du N° 16 eſt de la Membrolle.

Celle du N° 17 eſt la Marne pierreuſe,

---

* En Allemagne : il s'en trouve auſſi du même caractére en Anjou.

* qu'on trouve depuis Choufy jufqu'à Fondette.

Celle du N° 18 eft du Château de Candé. On obferve qu'elle eft plus Marne pierreufe, que Pierre à chaux ; car la pierre qui fe trouve jointe à la fubftance calcaire fait peu d'effervefcence avec l'efprit de nître.

Je ne parle point du fpath, parce qu'il eft peu connu dans ce Pays-ci, quoiqu'il y foit affez commun.

Toutes les Marnes pierreufes, fans être paffées au feu & expofées feulement à l'action de l'air, à la pluie & au Soleil, plus ou moins de tems felon qu'elles ont acquis plus ou moins le caractére de pierre, font un engrais qui dure très long-tems dans les Terres, mais comme leur action eft lente, & qu'elle ne remplit pas affez promptement la cupidité du Laboureur, fouvent il préfére les Marnes graffes ; l'expérience au refte eft le guide le plus affuré en pareil cas.

Le N° 19 contient l'efpéce d'ardoife calcaire dont il eft parlé plus haut : enfin

* Cette Marne eft la meilleure de fa Claffe, puifqu'elle fe divife facilement, qu'elle contient du fable, des coquillages de toute efpéce, & qu'elle fait une effervefcence auffi vive avec les Acides, fans être paffée au feu, que les Marnes les plus pures.

le N° 20 renferme de la craie des environs du Châtaignier.

Quoiqu'on ſoit aſſez dans l'uſage de mettre parmi les Marnes ſablonneuſes, le tufſeau ou bourré, les cendres leſſivées, celles de charbon de terre, de tourbe, &c. les décombres des maiſons, les maniers, les faluns; malgré cela comme les deux dernieres ſur tout ont des propriétés ſingulières, & qu'elles ſont très abondantes dans la Province, je me ſuis déterminé à en faire une claſſe particuliére.

Quatriéme & derniere Claſſe des Marnes.

Les maniers ſont très abondants dans cette Province, ils occupent la chaîne des montagnes à couches qui bordent la Loire depuis Blois juſqu'à Tours, & ils y forment dans certains endroits un lit de 4 à 5 pieds au moins d'épaiſſeur, & dans d'autres ils ſont la moitié du volume de la montagne.

Ces maniers ſont compoſés de ſable, de coquillages, de madrepores, de coraux & de ſels, dont la nature m'a paru à peu près la même que celle des faluns. Les vignerons intelligens s'en ſervent pour les vignes qui ſont plantées dans des Terres-Bournais; pour cet effet, après les avoir exposés pendant quelque tems à l'air, * ils les mêlent dans le tems des vendanges par couches avec du fumier, de la terre & du marc de raisin, ils laissent toutes ces matieres se mûrir pendant l'Hiver, & au Printems ils les transportent dans les vignes, sur tout pour fumer les provins. Il seroit à désirer que les Laboureurs des environs de ces maniers en répandissent sur leurs Terres du même caractére, ils ne tarderoient pas à en reconnoître les bons effets par des récoltes abondantes. Les maniers contenus au N° 21 sont de la Paroisse S. Georges sur Loire.

La mine de faluns est également considérable dans ce Pays, puisqu'elle commence à Ste. Maure, & qu'elle continue toujours sur une même ligne du levant au couchant jusqu'à la Chapelle - Blanche, c'est-à-dire, sur une étenduë de douze à quinze lieuës. Cette Faluniere est à neuf ou dix pieds enfouie sous Terre, on est persuadé qu'elle doit son origine à des coquilles & à des dépouilles d'animaux marins : en effet, j'ai remarqué que ces faluns contiennent très peu de Terre, beau-

---

* On a observé que si ces Maniers sont employés tout de suite en sortant des caves, le Vin acquiert un goût de terroir.

coup

coup plus de ſable & quantité de débris de coquilles, dont on diſtingue très bien les formes & les canelures, j'en ai même trouvé beaucoup d'entiéres ; ces ſubſtances ſont réunies par un gluten ſavonneux, elles contiennent en outre un ſel qui m'a paru tenir ainſi que celui des maniers, beaucoup plus du ſel marin que de tout autre ; car ayant fait une ſolution de ſel marin dans de l'eau chaude, je l'ai combinée avec des infuſions faites avec ces maniers & faluns, ſuivant les procédés que je vais indiquer.

1°. J'ai mis de la diſſolution de ſel de tartre parmi toutes ces infuſions, elles n'en ont point été troublées ni les unes ni les autres, parce que le ſel marin étant neutre, l'Alkali ne peut faire aucune combinaiſon avec le ſel de tartre qui eſt Alkali lui-même.

2°. Toutes les infuſions ont rendu laiteuſe la ſolution faite avec le ſublimé.

3°. Elles ont fait effervefcence avec l'eſprit de nître, comme tout Alkali le fait avec les Acides.

Je les ai enfin eſſayées au feu, elles ne s'y ſont point durcies, elles y ſont devenues au contraire friables ; mais lorſqu'elles en ſont ſorties, elles n'ont plus fait effervefcence avec la même force qu'auparavant avec les Acides, ce qui prouve qu'on doit regarder ces faluns comme des Marnes pures, & qu'il est nécessaire de conserver leur gluten, si l'on veut en retirer les avantages qu'on a lieu d'en attendre.

En effet les Laboureurs de Ste. Maure, de Manthelan, Ste. Catherine de Fierbois & de toutes les autres Paroisses voisines de la Chapelle Blanche en connoissent si bien le prix & la valeur, par des expériences qui datent de loin, pour l'amélioration des Terres-Bournais, Aubuis & autres de même caractére auxquelles ces faluns conviennent singuliérement, qu'ils les transportent dans leurs Terres en sortant immédiatement de la Faluniere dès le mois de Septembre, & y donnent sur le champ un labour, pour ne point laisser exposé aux effets de l'air extérieur ce gluten précieux. La quantité qu'ils en mettent pour chaque arpent de Terre-Bournais est de 20 ou 25 tomberées, un peu moins pour les Aubuis, & ainsi de suite en diminuant suivant la légereté de leurs Terres, comme on le verra à la Table d'affinité.

Je n'étendrai pas plus loin ma spéculation ni mes procédés là-dessus, d'autant que M. l'Abbé du Frementel a déja traité cette matiere. Je me réserve cependant de concert avec lui, d'en parler plus au long dans un autre tems. Les faluns du N° 21 ſont ceux de Ste. Maure, dont on vient de parler.

Des Engrais artificiels.

Quoique les différentes Marnes & les mêlanges des Terres de caractére opposé ſoient reconnus pour des engrais eſſentiels, il faut encore recourir aux fumiers des animaux de toute eſpéce, ſeuls ou alliés les uns avec les autres, puiſqu'ils concourent à l'accroiſſement & à la nourriture des végétaux, & que dans la diſette des autres ſubſtances dont on a parlé plus haut, ils deviennent les ſeules reſſources pour fournir aux Terres des réparations égales aux pertes qu'elles ſouffrent par les productions annuelles qu'on leur fait ſupporter. Mais avant que d'employer ces fumiers, il faut les préparer & ſçavoir les diſtribuer avec connoiſſance de cauſe, c'eſt-à-dire, en gardant une proportion juſte entre la nature de la Terre qu'on veut amender & la qualité du fumier; car donner pour engrais du fumier ſeul de Bœufs & de Vaches aux Terres-Bournais, c'eſt leur fournir un engrais inſipide, & qui n'eſt point aſſez animé pour féconder les Terres de cette nature; employer au contraire du fumier de Pigeon, de Mouton, de Mulet & de Cheval entier pour les Terres légéres, c'eſt le moyen de les deſſécher, & de brûler toutes les eſpéces de ſemences qu'on y dépoſe.

La bonne méthode eſt donc de donner aux Terres des fumiers oppoſés à leur eſſence. Si les animaux qui compoſent la baſſe-cour n'en fourniſſent pas aſſez pour remplir cet objet, il faut y ſuppléer par différens mêlanges ; c'eſt-à-dire que ſi les Terres du Cultivateur ſont des Bournais, & que pour les manœuvrer il n'y ait que des Vaches, des Bœufs, &c. il doit commencer ſa motte ou forme de fumier

Premiere Claſſe, ou premiere Méthode de préparer les fumiers.

1°. Par former un lit de 3 ou 4 pouces d'épaiſſeur de la Marne indiquée pour les Terres-Bournais, qu'il dépoſera ſur le ſol de l'étable avant que d'y mettre la litiére.

2°. Il tirera tous les mois, ou tous les deux mois, ce fumier des étables pour le tranſporter tout de ſuite dans une foſſe dont le fond ſera glaiſeux ou pierreux, & qui ſera ſituée dans l'endroit le plus bas de la cour, & hors de la chûte immédiate des eaux pluviales qui tombent des toits des bâtimens ; il conſervera cependant ces eaux & tout ce qui découle des étables, non ſeulement pour en arroſer les fumiers dans les tems ſecs, mais auſſi pour empêcher qu'elles ne prennent leur cours dans la mare deſtinée à abbreuver les beſtiaux, parce qu'elles infecteroient leur boiſſon, & deviendroient par la ſuite la ſource d'une infinité de maladies putrides dont ces animaux ſont ſouvent attaqués.

3°. Cette foſſe ainſi préparée, il doit tout de ſuite la recouvrir d'une couche de 4 à 5 pouces d'épaiſſeur, d'une matiere égale, ou de toute autre équivalente à celle qu'on aura répanduë ſur le ſol de l'étable.

4°. Chaque fois qu'il tranſportera les fumiers de l'étable pour former la motte dans la foſſe, il aura grand ſoin de mêler parmi, ceux de Pigeon, s'il en a, de Mouton, des poulaillers, la ſuie de cheminée, les décombres de vieux bâtimens paſſés à la claie, les ſcieures de bois de toute eſpéce, les cendres leſſivées, celles de genêt épineux, & de bruyére, les feuilles de roquette, de noyers, l'écorce verte de la noix, la fougere, les chardons, en un mot toutes les feuilles de végétaux.

5°. Cette opération finie, il couvrira avec ſoin la motte du fumier, ſoit avec de la terre, de la paille, ou des feuilles de végétaux dont on vient de parler, afin d'empêcher le deſſéchement & l'évaporation de tout ce qu'elle contient de plus précieux, ce qu'il réitérera même chaque fois qu'il nettoiera les étables pour en augmenter la motte.

6°. Ce fumier ainſi préparé doit reſter

dans cet état au moins une année entiére ; afin qu'il se consomme, car si on l'emploie avant ce tems il y restera encore beaucoup de graines, qui n'étant pas assez décomposées, végéteroient au Printems suivant avec d'autant plus de vivacité que les pluies seroient plus abondantes, ce qui rempliroit les Bleds d'herbes étrangeres, & diminueroit par conséquent les récoltes.

7°. Si l'année est séche, il arrosera la motte du fumier avec les égouts des écuries, des cuisines, & les eaux de pluie qu'on a recommandé plus haut de conserver. S'il arrivoit que la quantité ne fût pas suffisante, il y ajoûteroit pour lors de l'eau de la mare, ou de toute autre espéce en éteignant dedans un peu de chaux vive, & en agitant le mélange jusqu'à parfaite dissolution ; l'on peut encore arroser la motte, ou la forme de fumier avec la lie de vin délayée dans les eaux de pluie, ou bien faire dans ces eaux une forte infusion avec la scieure de bois de toute espéce ; cette précaution est sur tout indispensable, si le Laboureur manque de Marne dans son Canton, puisque c'est le seul moyen de vivifier & d'animer les fumiers qu'il destine aux Terres de cette nature ; c'est-à-dire, aux Terres-Bournais.

Cette méthode de préparer les engrais

eſt d'autant plus avantageuſe, que 8 à 10 charretées de fumier ainſi préparé ſuffiſent pour féconder & améliorer un arpent de Terre. Pluſieurs Cultivateurs Phyſiciens conſtatent cette vérité par des faits ; M. Burdin entre autres, vient de le démontrer dans un excellent Mémoire qu'il a donné à la Société ſur cette matiere.

Quant au tems d'employer ces fumiers, la meilleure façon eſt de les voiturer ſur les Terres peu de jours avant de ſemer, de les répandre, & de les enterrer tout de ſuite par un léger labour. Il y a des Cultivateurs qui ayant des Terres-Bournais rouges à travailler, ont contracté l'habitude de faire ſuivre le ſemeur par une femme, qui ſeme à ſon tour de la fiente de Pigeon ou de Mouton par deſſus le Bled. Il eſt à ſouhaiter que l'expérience vienne à l'appui de cette pratique, avant que d'en faire un principe d'Agriculture dans cette Province.

On eſt encore dans l'uſage en certain Canton non ſeulement de mêler du ſable parmi les Terres qui ſont trop graſſes, trop lourdes, & trop compactes, mais encore du gravier & des Terres ſablonneuſes rouges qui contiennent de petits cailloux ; ce n'eſt pas qu'on s'imagine que ce ſable ou ce gravier renferme des ſels qui rendent la Terre fertile, mais parce qu'étant mêlés avec elle, ils en écartent les ſurfaces, lui donnent du jour, & empêchent que leurs molécules ne ſe rapprochent trop intimément les unes des autres : ces gros graviers peuvent encore, en conſervant long-tems la chaleur que le Soleil leur communique, produire le même effet aux Terres.

On obſerve enfin * que ſi l'on a des Terres-Bournais blanches ou griſes à travailler, l'engrais le plus eſſentiel eſt la ſuie de cheminée, puiſque 10 boiſſeaux par arpent ſuffiſent.

Si les Terres du Laboureur ſont légéres, ſablonneuſes, ou des Aubuis-Perrucheuſes, il leur faut abſolument des fumiers gras, onctueux & qui conſervent de la fraîcheur.

Deuxiéme Claſſe, ou ſeconde Méthode de préparer les fumiers.

En conſéquence, au lieu de couvrir le ſol des étables & de former le premier lit de la foſſe, avec de la Marne, des maniers, ſable, &c. on y mettra au contraire 1°. une couche de bonne Terre de 4 à 5 pouces d'épaiſſeur, des gazons, des Terres vagues qu'on aura eu la précaution de mettre en tas juſqu'à ce que les racines ſoient conſommées, ou des Terres de Marais égoutées & bien deſſéchées.

2°. On tranſportera des étables dans une foſſe préparée comme ci-deſſus, & dans

* Le Gentilhomme Cultivateur.

le même tems le fumier des animaux qui composent toute la basse-cour, afin d'en composer successivement la motte ou forme de fumier.

3°. On répandra parmi ce fumier de la fougere, des roseaux, & toute sorte de feuilles de végétaux, qu'on aura fait amasser par les enfans de la campagne dans les Saisons mortes; quant à l'arrosement de cette espéce de motte, si l'année l'exige, il s'exécutera tout simplement par le moyen des eaux pluviales qu'on aura conservées, & de celles des égouts des étables, & des écuries, sans y dissoudre ni chaux ni aucune autre substance calcaire.

4°. On amendera encore les Terres de cette espéce, en y semant des Plantes qui abondent en feuilles grasses & mucilagineuses, comme la navette, le bled noir, les pois gris, les lupins, &c. On enfouit toutes ces Plantes, lorsqu'elles sont dans leur plus grande force, par un léger labour, en faisant en sorte que ce labour approche le plus qu'il sera possible du tems où on doit ensemencer ces Terres: pour cet effet on les semera dans le mois de Mai, ou dans le commencement de Juin. Quoique cette façon d'amender les Terres soit fort ancienne, elle n'en est pas moins bonne, sur tout pour les Cantons à qui la nature refuſe les autres reſſources ci-deſſus indiquées.

5°. Si l'on avoit beaucoup de ces fumiers compoſés comme on vient de le dire, ils ſerviroient encore utilement pour améliorer les prés à regain, qui ſont dans la plus grande partie de la Province détériorés, maigres, remplis de mouſſe, & de lierre. Les Marnes pures, les Argilles marneuſes, les maniers, les faluns, la ſuie, les coquilles d'huîtres pulvériſées, & toutes les cendres leſſivées formeroient auſſi pour ces prés des engrais excellens, en choiſiſſant parmi toutes ces ſubſtances celles qui ont plus de rapport avec les prés hauts, ou les prés bas & marécageux.

Il eſt encore pour l'amélioration des prés une méthode fort uſitée, qui eſt rapportée dans les écrits modernes. Elle conſiſte à établir une cabane ambulante pour y faire coucher toutes les nuits un Pâtre, les beſtiaux pour lors ne la quittant point y dépoſent leur fumier : quand une partie eſt aſſez fumée, on tranſporte la cabane dans un autre endroit & ainſi de ſuite ſur toute la ſuperficie du pré, ayant attention de diſperſer les excrémens des animaux ſans les laiſſer s'entaſſer dans un même endroit.

Je n'inſiſte pas plus long-tems ſur la néceſſité d'amender les prés : on ſçait combien cet objet tient à la bonne Agriculture; on peut même dire que ſans les prés, tant naturels qu'artificiels, il n'y en aura jamais de bonne. Qu'on ne diſe pas qu'on manque de moyens pour y parvenir, puiſqu'il n'y a point de Canton où le Laboureur induſtrieux n'en trouve.

Des Semences propres aux Terres.

Quoiqu'il ſoit bien conſtant que toute Terre peut, par des cultures laborieuſes, rapporter également toute eſpéce de Plantes; on ne peut cependant diſconvenir qu'il n'y en ait de plus favorables à une eſpéce qu'à une autre, tant à cauſe du rapport qui ſe trouve entre quelque ſemence & la compoſition particuliére de l'élément terreſtre, qu'à cauſe des différens météores qui regnent ordinairement dans chaque Pays : c'eſt ce qui fait que telles eſpéces croiſſent avantageuſement dans les Terres froides, tandis que d'autres aiment les Terres légéres; que les unes végétent avec force dans les Pays froids & à l'ombre, pendant que d'autres demandent à être cultivées dans les climats chauds, & à être expoſées à l'activité du Soleil.

Ce ſeroit ici le moment d'expliquer d'où vient ce rapport, comment s'exécute cette affinité ſinguliére entre les différens mixtes qui compoſent la Terre, & certains germes qu'on y dépoſe ; quel eſt le principe de leur accroiſſement ; quelle eſt la marche propre du ſuc nourricier qui les abbreuve; & quelle eſt enfin la cauſe de leur continuelle reproduction ? Mais comme ce méchaniſme admirable ſe paſſe dans le ſecret, réduits à raiſonner par les effets, nous ſommes & ſerons toujours bornés à dire que la Terre eſt la matrice & le berceau de la végétation, que la graine contient en petit tout le rudiment de ſon eſpéce, que la chaleur du Soleil & la pluie préparent la Terre, que l'air ſur tout & les vents concourent beaucoup à faire cheminer la féve dans les Plantes ; qu'elle commence à ſe mettre en mouvement, & à ſe revivifier tous les ans dans nos climats dans le mois de Janvier, & que le mouvement inteſtin qui ſe paſſe parmi tous ces corps, détermine les parties qui ont du rapport enſemble, à s'accrocher & ſe joindre par leurs parties analogues, & à former un compoſé régulier, c'eſt-à-dire, une Plante qui ſe développe enfin à nos yeux par des racines, un tronc & des branches.

Vous êtes en droit de me dire ici, Meſſieurs, que toutes ces particularités ſont encore de ces vérités que la raiſon fait bien appercevoir, mais qu'on ne ſçauroit démontrer aux ſens. Je l'avouerai avec vous, je conviendrai même que tout détail de cette eſpéce intéreſſe peu le Cultivateur, & qu'il lui importe beaucoup plus de ſçavoir par des expériences inconteſtables quelles ſont dans ſon Canton les Plantes les plus analogues à chaque eſpéce de Terre.

C'eſt ce qui fait que je m'empreſſe de lui dire qu'il doit confier aux Terres de Varenne le froment, le ſeigle, l'orge, le millet, les navets, &c. & qu'il pourra ſans peine, à l'aide des fumiers & avec un peu d'induſtrïe, rendre ces Terres ſuſceptibles de rapporter toutes ſortes de Plantes, principalement dans les environs de Tours, puiſque ſuivant les différentes Saiſons de l'année il peut les enſemencer non ſeulement avec les graines ci-deſſus détaillées, mais encore en veſce d'Hiver & d'Été, ſain-foin, luzerne, ou bien en légumes de toute eſpéce, entre autres le céleri, le cardon d'Eſpagne, l'oignon, l'artichaut, les haricots, & les groſſes raves qui ſerviront à la nourriture des hommes, des beſtiaux & à la fertilité de ces Terres, en leur fourniſſant un engrais gras & onctueux. Le paſtel, la gaude, & l'anis réuſſiront également très bien dans les mêmes Terres.

Dans les endroits un peu éloignés, tels

que le Brehemont, on fera des récoltes abondantes de chanvre, dont la qualité approchera à tous égards de celle du chanvre de Cosne sur Loire, & du Sundgau, dans les environs du Rhin, si les Habitans de ces Cantons apportent toute l'attention nécessaire à ce genre de culture, en renouvellant tous les ans la graine de chanvre, tirée des endroits qu'on vient de citer ou d'ailleurs; ce n'est pas pour cette seule graine qu'on insiste à faire ce changement, c'est pour toutes les semences en général, puisqu'on peut assurer que c'est un des grands secrets de la bonne Agriculture.

Tout le monde sçait avec quel succès les arbres fruitiers produisent dans ces sortes de Terres, le Prunier sur tout y donne des prunes d'une qualité particuliére, & dont l'exportation chez l'étranger est très avantageuse à la Province; cette denrée seroit même susceptible d'une augmentation considérable, si le Cultivateur faisoit des labours autour des racines de ces arbres, & s'il leur enlevoit tous les ans les *gourmands* qui en énervent la production, & les font périr par la suite. Enfin parmi les autres arbres utiles, le Murier y profite d'une façon à pouvoir se flater qu'il ne tardera pas à devenir une des productions les plus précieuses de la Province, si on le cultive avec ſoin ; c'eſt-à-dire, ſi on fait des guérets deux fois l'année au pied de chaque arbre, ſi on l'émonde, ſi on le taille dans les tems convenables avec art en forme d'entonnoir, & enfin ſi l'on pouſſe ce genre de plantation auſſi loin qu'on peut le faire dans la Province. En effet, Meſſieurs, combien y a-t'il de Terres légéres qui approchent de celles de Varenne, qui ſont incultes parce qu'on les prétend ingrates, mais qui ſeroient très propres à la culture des Muriers. * Pour y réuſſir il ſuffit que chaque Particulier ſe fourniſſe le plus promptement qu'il ſera poſſible du plan de Murier, & qu'il le diſtribue dans ces mêmes Terres qu'on croit ſtériles : il peut remplir l'un & l'autre de ces objets avec beaucoup de facilité, le premier ſur tout, en ſuivant une méthode fort ſimple que j'ai vu exécuter par un Particulier ** avec beaucoup de ſuccès.

Ce moyen conſiſte à prendre des mures blanches d'un Murier blanc lorſqu'elles ſont en maturité, de les faire tremper pendant quelques heures dans l'eau, de les

* Toutes les Terres depuis Ste. Maure au Port de Pile, en allant juſqu'à la Haie, ſeroient très propres au Murier blanc.

** Cette méthode eſt également détaillée dans l'Agronomie.

manier, de leur donner la forme de bouillie, d'en retirer la graine, de la mettre dans le milieu d'un paquet de foin filé, l'enterrer enſuite en forme de ſillons, en couvrant le tout de quelques pouces de bonne Terre; le plan 4 à 5 jours après levera ſûrement. Lorſqu'il aura acquis une certaine force on le mettra en pépiniére, & on le tranſplantera trois ans après à demeure dans les endroits qu'on prétend incultes, ayant l'attention, dans cette derniere opération, de mettre immédiatement ſur les racines la Terre qui couvroit le contour de la ſuperficie de la foſſe, ou un peu de bonne Terre, en évitant avec ſoin qu'il y ait de la paille, du bois, ou des herbes qui touchent immédiatement les racines, & en finiſſant par couvrir le deſſus de la foſſe avec des feuilles d'arbres de quelque eſpéce que ce ſoit, &c. Tout Propriétaire qui pratiquera ce qu'on propoſe ici, retirera ſûrement de ces ſortes de Terres un revenu plus conſidérable & plus réel que de celles qui ſont plantées en vigne, ou ſemées en Bled, puiſqu'il aura tous les ans un débouché ſûr & certain de ſes feuilles, ſoit en les vendant, ou en les employant lui-même, tandis qu'il ſera obligé fort ſouvent de garder pendant pluſieurs années ſon Bled & ſon Vin.

Tout

Tout ce qu'on vient de dire ſur les Terres de Varenne, peut également s'approprier aux Terres maigres & ſablonneuſes, en les améliorant cependant avec grande attention, & en les enſemençant avec des graines particuliéres ; par exemple, on peut tirer un parti très avantageux des Terres ſablonneuſes & graveleuſes qui ſont aſſez communes dans cette Province, en y ſemant de la graine de Galet, pour y former des Prairies artificielles. Ce Galet n'eſt autre choſe qu'une eſpéce de ſainfoin qui ne demande d'autre ſoin, que d'être ſemé par deſſus la pelouſe, la mouſſe, dans les plus mauvaiſes Terres, ſans qu'on ſoit abſolument obligé de les labourer pour qu'il réuſſiſſe.

Cette graine ſe ſeme dans le mois d'Août, & encore mieux dans le mois de Mars : toute l'attention qu'on doit avoir pour ce fourage, eſt de ne le pas faucher la premiere année, & d'empêcher les beſtiaux d'y pâturer ; après ce tems expiré on peut le faucher deux fois chaque année, & y laiſſer vaguer les beſtiaux avec les attentions qu'on indiquera pour les pâturages enſemencés de tréfle. Le fromental eſt encore une eſpéce de fourage qui y réuſſira ſûrement : j'en ai tenté la culture cette année, mais ſes progrès ne ſont pas aſſez décidés pour que j'en faſſe préſentement part à la Société.

Parmi les quatre eſpéces de Terre Glaiſe ou Bournais, la rouge & la jaune ſur tout, étant plus froides, plus humides, & plus tenaces, exigent beaucoup de peines pour les diviſer, les animer, & les rendre meubles : on n'y réuſſit même qu'à force de manœuvres, & en y mêlant exactement les eſpéces d'engrais précédemment indiquées ; mais étant une fois parvenu à ce but, on eſt amplement dédommagé de ſes frais par d'abondantes récoltes de froment, d'orge, de féves, &c.

Si le Cultivateur eſt décidé à enſemencer ces Terres en froment, il doit choiſir le meilleur ; c'eſt-à-dire, celui qui eſt le plus net, le plus peſant, le mieux nourri, & qui aura été cueilli dans des Terres oppoſées en caractére aux Terres légéres & éloignées du même Canton : c'eſt une méthode qu'il faut ſuivre à l'égard de toutes les ſemences qu'on veut employer.

Il n'eſt pas moins intéreſſant pour lui de ſçavoir que s'il regne dans le Pays quelque maladie parmi les Bleds, il faut néceſſairement les préparer pour les éviter ; puiſque cette néceſſité eſt aujourd'hui démontrée & vérifiée par des expériences inconteſtables que nous devons à M. du Tillet, dont voici la méthode. Quoiqu'elle ſoit répanduë dans beaucoup d'écrits, je la répéte ici pour ceux qui pourroient l'ignorer.

Cette méthode conſiſte à prendre cent boiſſeaux de cendre de bois, deux cent pintes d'eau & 15 liv. de chaux, dont on forme une leſſive; quand on veut s'en ſervir, on la fait chauffer, on lave enſuite pluſieurs fois le Bled dans cette eau, s'il eſt taché de noir on le frote avec les mains, & le Laboureur profite d'un beau jour pour faire cette opération, ainſi que pour le ſemer tout de ſuite.

La ſemence une fois diſtribuée ſur les Terres, il ne s'agit plus que de la recouvrir ſuivant la méthode uſitée dans chaque Canton; parce que les motifs qui ont décidé la Société de n'adopter aucune des méthodes nouvelles ſur la façon, le nombre & le tems des labours à donner aux Terres de cette Province, me déterminent à ne rien dire préſentement ſur la maniere de recouvrir les ſemences, ſoit par la herſe ou par un labour léger.

On peut auſſi dépoſer en ſûreté dans les Terres-Bournais les ſemences propres à former différens pâturages. MM. les Normands qui connoiſſent bien la valeur des choſes, nous en donnent l'exemple, puiſqu'ils mettent tout le ſol de cette nature en

Prairies, dont ils retirent beaucoup de bénéfice, ils évitent en même tems toutes les peines & les dépenses qu'entraîne presque toujours leur culture en grains.

Elles sont encore bonnes pour la plantation des arbres dont les racines pénétrent profondément, tels que le Chêne, le Châtaignier : il est vrai que la végétation y est paresseuse, que les arbres y croissent lentement, mais aussi ils ne sont pas sujets à se couronner, à se rabougrir ; ces sortes de Terres ont d'ailleurs l'avantage de fournir à l'accroissement & à la nourriture de ces arbres sans que leur sol en soit altéré.

Les Terres-Bournais noires, blanches ou grises, quoique moins froides & moins pesantes que les premieres, se durcissent aussi au Soleil & scellent l'eau dans les tems de pluie ; mais par le moyen des labours faits à tems, & par le secours des engrais propres à combattre leur vice dominant, elles produiront des récoltes beaucoup plus abondantes que les précédentes, non seulement en froment, en féves, en orge, seigle, lupins, coriandre, mais encore en semence séche & farineuse, car toute autre émulsive n'y viendroit pas ; c'est-à-dire, celles dont les lobes & l'embryon ne peuvent fournir que des huiles ou du mucilage, telles que celles du melon, de l'anis, &c. On peut également leur confier la luzerne, le tréfle, & le turneps ſur tout, qui a l'avantage ſur pluſieurs autres eſpéces, de fournir, comme on l'a déja dit, de nourriture pour les beſtiaux pendant la rigueur de l'Hiver, & d'engraiſſer les Terres.

On croit ne devoir pas paſſer ici ſous le ſilence une autre méthode indiquée par M. de la Jupeliére, du Bureau d'Angers, pour ſe procurer beaucoup de bons pâturages dans les Cantons où l'herbe eſt rare, & principalement dans les Terres-Bournais, ſans rien déranger dans l'ordre de culture des Terres de chaque Particulier: ce moyen conſiſte à ſemer au mois de Mars par deſſus les Terres qui ſont enſemencées de froment, & parmi celles qu'on deſtine à laiſſer en jachere, vingt livres de tréfle par arpent, & auſſitôt qu'on a fait enlever les gerbes de deſſus les piéces de Terres, on laiſſe enſuite vaguer & paître les beſtiaux dedans, en obſervant qu'ils n'y reſtent que deux heures tout au plus chaque fois, de les diſtraire ſouvent pour qu'ils n'y pâturent pas avec trop d'avidité, & de les faire boire immédiatement avant & après être ſortis de ces pâturages. L'avantage eſſentiel de cette méthode eſt de donner la facilité d'engraiſſer beaucoup de Bœufs, dont on retire une grande quantité de fumiers qui ſervent utilement pour l'amélioration des Terres.

Les Terres-Bournais noires, blanches, ou griſes conviennent encore aux arbres propres à la conſtruction, & aux arbres fruitiers tels que les Poiriers, Pommiers & Noyers, ils n'y ſont même pas ſujets comme dans les premieres, à périr par la mouſſe & par le lierre.

Les Aubuis franches, ou Argilles, je dis franches pour ne pas les confondre avec les Perrucheuſes, pour peu que le Cultivateur ſoit induſtrieux, adroit & laborieux, rapporteront des récoltes abondantes en froment, ſeigle, orge, pois, féves, &c. Elles produiront également des Prairies à regain & artificielles, ſoit avec le ſain-foin ou la luzerne, &c. Les arbres de toute eſpéce y réuſſiront auſſi avantageuſement.

Je devrois vous parler, Meſſieurs, du Colſa & de ſa graine, dont les Flamands tirent un parti conſidérable pour faire de l'huile à brûler au lieu de chandelle, qu'ils récoltent tous les ans dans des Terres à peu près ſemblables aux Aubuis franches; mais les eſſais que j'ai faits cette année ſur ce genre de culture n'étant pas aſſez décidés pour les mettre ſous vos yeux, je remets à l'année prochaine à vous en rendre compte.

Les Aubuis-Perrucheuſes ou Argilles pierreuſes, étant un composé de Terre végétale, de pierres à fuſils ou de craie, conviennent à toute eſpéce de plantation, principalement à la vigne. J'aurois bien des choſes à dire tant ſur le plan de vigne qui conviendroit à chaque eſpéce de Terre de la Province, ſur le tems de la travailler, de la provigner & ſur les engrais qui lui ſeroient propres, que ſur la façon de faire le vin & de le conſerver; mais je ſuis retenu par la prodigieuſe quantité de vignes que contient cette Province, dont le vin dans pluſieurs Cantons eſt de mauvaiſe qualité, qui diſcrédite le bon. Quel mal réſulteroit-il, ſi la Paroiſſe de Joué, ou toute autre propre à la vigne, étoit plantée en bon plan de vigne, à l'exception des Terres ſituées dans les fonds? Et ſi au contraire on ſemoit en Bled, &c. les Terres de S. Barthelemy, Fondette, Valliére & de Luynes, &c. à l'exception des terreins ſitués avantageuſement en colines & ſur les côteaux, quelle utilité & quels avantages n'en retireroit-on pas? Puiſque d'un côté tous les vins auroient de la qualité, de la réputation, & s'exporteroient toujours chez l'étranger, & que d'ailleurs la diſette des Bleds ne ſe feroit pas ſentir aux moindres approches, je ne dis pas d'une récolte mau quée, mais ſeulement équivoque : au reſte je laiſſe cette queſtion à décider à ceux qui connoiſſent mieux que moi les intérêts de la Province.

Permettez-moi, Meſſieurs, de vous rappeller à préſent deux obſervations que j'ai eu l'honneur de vous faire dès la naiſſance de la Société. Par la premiere je vous propoſois de diviſer les Membres de cette Société en quatre claſſes, & que chaque claſſe adoptât une des Élections la plus à la portée de ſa réſidence ou de ſes domaines ; de nommer enſuite un ou deux Commiſſaires dans chaque Élection, pour exécuter des procédés pareils à ceux qui ſont contenus dans le préſent Mémoire, pour exciter l'émulation parmi les Cultivateurs, & pour rendre compte à la Société de leurs ſuccès, afin de pouvoir réunir nos travaux & nos recherches pour former un corps ſolide d'Agriculture dans la Touraine.

Par la ſeconde, j'expoſois qu'en vain des Sociétés remplies de zéle s'efforceroient de préſenter au Laboureur des découvertes importantes, ſi on ne reveilloit ſa cupidité & ſa nonchalance par des prix & par des récompenſes diſtribuées dans les différentes Élections de la Généralité, en faveur de ceux qui auroient le mieux réuſſi dans quelque objet relatif à l'Agriculture ; & que les Anglois n'étoient parvenus que par ce moyen à défricher des terreins immenſes, à les cultiver en Bled, en Prairies & à les peupler de toutes eſpéces de beſtiaux. Ne pourrois-je pas encore aujourd'hui, ſans devenir blâmable à vos yeux, vous propoſer d'imiter dans ce point cette Nation rivale de la nôtre, & de ſouſcrire comme elle a fait pour une ſomme convenable, afin de ſoutenir le Laboureur de la Province dans ſes beſoins, d'exciter ſon induſtrie & ſon émulation, ſans leſquelles aucun établiſſement tel que le nôtre ne peut proſpérer.

Je crois enfin ne pouvoir mieux terminer ce Mémoire, qu'en vous propoſant, Meſſieurs, de ſuivre l'exemple de la Société de Bretagne, dans le projet qu'elle a formé, d'obſerver exactement les hauteurs du thermométre & du barométre, la direction des vents, l'état du Ciel, & la quantité d'eau de pluie qui tombe chaque mois, & la diſtribution avantageuſe qui s'en fait dans certain tems pour la fertilité de la Terre.

En effet, Meſſieurs, des remarques aſſiduës ſur la conſtitution de l'air, les variations & les différens poids de l'atmoſphére, une hiſtoire bien ſuivie & bien circonſtanciée des vents, des pluies, des météores, du chaud, du froid dans chaque année, dans chaque Saiſon, chaque jour, & une comparaiſon continuelle de toutes ces viciſſitudes avec les productions de la Terre, doivent aſſurément produire, comme l'annonce l'Hiſtorien de l'Académie Royale des Sciences, une Agriculture beaucoup plus ſûre que tout ce qu'on pourroit eſpérer des ſpéculations les plus ſublimes de la Phyſique.

Mais comme la Généralité eſt très étenduë, qu'il peut ſurvenir par rapport à la poſition particuliére de la Touraine, des variations dans l'air, &c. qui ne ſurviendront pas ni dans le Maine ni dans l'Anjou; enfin comme on ne ſçauroit trop multiplier des obſervations de ce caractére, Meſſieurs des Bureaux du Mans & d'Angers, ſeront inſtamment invités de ſe joindre à ce travail, afin de rapprocher tous les ans les Tables de chaque Province, pour former des réſultats, qui deviendront ſûrement la ſource d'une infinité de découvertes auſſi curieuſes qu'intéreſſantes à l'Agriculture de la Généralité.

F I N.

Lu & approuvé. VERON DU VERGER.

Le Privilége & la Ceſſion ſont à la fin du *Recueil des Délibérations & des Mémoires de la S. R. d'Agriculture de la Généralité.*

TABLEAU des Terres ou Matieres contenuës dans la Boëte présentée au Bureau de la Société Royale d'Agriculture de Tours.

INDICATION des différentes espéces de Terres de la Touraine, à améliorer par le mélange des Engrais naturels.	EXPÉRIENCES faites pour constater le degré de mélange des différentes Terres, avec les Engrais propres à en opérer l'Amélioration.	NOMBRE des tomberées à mettre par arpent suivant les Expériences.	QUALITÉS Des Marnes ou des Engrais naturels, tels qu'ils sont contenus dans les Cases de la Boëte, dans l'ordre de leur plus grande Affinité, & les quantités constatées suivant l'usage & l'expérience du Cultivateur, pour servir d'Engrais aux différentes espéces de Terres de la Province.					
A. Terres de Varennes, ou Terres légéres.	Quatre onces huit gros de Terre à foulon, & de toutes celles qui sont dans les Cases de la même ligne, ont donné de l'onctuosité à 3 liv. de Terres de Varennes, & les ont rendues douces au toucher. Suivant cette expérience, si l'on suppose avec M. Duhamel & autres Cultivateurs du même mérite, qu'il n'y ait qu'environ 6 pouces de Terre remuée par la Charrue, qui contribue à la végétation; on conclura qu'il faut par arpent 195 tomberées de Terre à foulon & autres de la même classe de 15 pieds chacune pour donner le même degré d'onctuosité & d'amélioration convenable à un arpent de Terres de Varennes, ci	195 Tomberées.	Marne-Argilleuse, ou Terre à foulon blanche de Baudry, du No 5, 15 Tomberées.	Terre à foulon grise du No 6, & des autres de la même classe, 20 Tomberées.	Argille-Marneuse jaune de la Breteche, du No 7, 20 Tomberées.	Argille-Marneuse bleuë de la levée de Grandmont, du No 8, 25 Tomberées.	Moëlle de Rocher Argilleuse du Pont de la Motte, du No 9, 25 Tomberées.	Aubuis noire, 10 Tomberées, & d'Argille-Marneuse grise du No 6, 10 Tomberées.
B. Terres-Sablonneuses.	Quatre onces de Terre-Bournais noire, & 2 onces d'Argille contenues dans les Cases de la même affinité, fournissent à 3 liv. de Terre-Sablonneuse, un principe liant & lui font conserver dans son sein de l'humidité. D'après cette expérience 260 tomberées de Terres-Bournais & Argilles, &c. doivent améliorer un arpent de Terre-Sablonneuse, ci	260 Tomberées.	Bournais noire 20 Tomberées, & de la Terre à foulon du No 5, 10 Tomberées.	Marne-Argilleuse bleuë du No 8, 30 Tomberées.	Marne-Argilleuse jaune de la Breteche, du No 7, 25 Tomberées.	Terre à foulon grise de S. Christophle, du No 6, 25 Tomberées.	Pierre de lard, ou Pierre olaire de Marmoutier du No 10, 30 Tomberées.	Argille jaune de la Paroisse de Rochecorbon, du No 14, 30 Tomberées.
C. D. Terre Glaise, ou Bournais rouge & jaune.	Sept onces 2 gros de Pierres à chaux des bords de la Loire, mêlées avec 5 livres de Terre-Bournais, ont rendu le mélange susceptible d'être pénétré par l'eau & d'être attaqué par les Acides. D'après cette expérience, 309 tomberées un sixiéme des substances ci-jointes, doivent améliorer un arpent de Terre-Bournais rouge & jaune, ci . . .	309 Tomberées & un sixiéme.	Pierre à chaux des environs de la Loire, du No 17, 30 Tomberées.	Chaux vive du produit de la Pierre à chaux, de Beaumont-la-Ronce, du No 15, 20 Tomberées.	Faluns de la miniere de Ste. Maure du No 22, 15 ou 30 Tomberées.	Farine fossile du Moulin du Pont de la Motte du No 4, 25 Tomberées.	Manier de S. Georges du No 21, 20 Tomberées, & de Marne pure de Chanteloup du No 3, 10 Tomberées.	
E. F. Terre Glaise, ou Bournais noire & blanche.	Six onces de Marnes de la classe des Sablonneuses, mêlées à 3 liv. d'Aubuis noire franche, ont rendu le mélange susceptible d'être gonflé par les Acides. D'après cette expérience, 260 tomberées de Marnes de la classe des Sablonneuses, doivent améliorer un arpent de Terre-Bournais noire & blanche, ci	260 Tomberées.	Marne-Argilleuse-Pierreuse des environs de Chinon du No 13, 30 Tomberées.	Faluns de Ste. Maure du No 22, 20 Tomberées, & de la Marne de S. Averrin du No 1, 10 Tomberées.	Manier, 20 Tomberées, & de la Marne pure du No 3, 10 Tomberées.	Marne-Argilleuse-Sablonneuse de Ste Radegonde du No 12, 30 Tomberées.	Marne pure de S. Averrin du No 1, 25 Tomberées.	
G. H. Terre-Argilleuse, ou Aubuis jaune & blanche.	Quatre onces 8 gros de Marnes de la classe des Argilles-Sablonneuses, mêlées à 3 liv. d'Aubuis rouge & jaune, ont rendu le mélange plus friable que dans l'état naturel & susceptible d'être pénétré par l'eau & d'être attaqué par l'Acide nitreux. D'après cette expérience 195 tomberées des Engrais ci-dessus détaillés, suffisent par arpent, ci	175 Tomberées.	Faluns de Ste. Catherine de Fierbois, ou de Ste. Maure, du No 7, 25 Tomberées.	Marne-Argilleuse-Sablonneuse du No 12, 25 Tomberées.	Marne pure blanche de Chanteloup du No 2, 20 Tomberées.	Marne crayeuse du Châtaignier du No 20, 20 Tomberées.	Manier de S. Georges sur Loire, 20 Tomberées, & de Marne pure du No 4, 6 Tomberées.	
I. K. Terre-Argilleuse, ou Aubuis noire, & Aubuis Perrucheuse.	Quatre onces de Marnes jaunes de la Breteche, de la classe des Marnes-Argilleuses, &c. mêlées à 3 liv. de Terre d'Aubuis noire, ont rendu ce mélange susceptible d'être attaqué vivement par les Acides, &c. D'après cette expérience 173 tomberées & demie suffisent pour amender effentiellement un arpent d'Aubuis noire, ci . . . . Quant aux Aubuis Perrucheuses, elles ne demandent point d'autres engrais naturels, que des Faluns ou autres de pareil caractère, & des engrais artificiels, préparés comme on l'a dit à l'art. des fumiers de la deuxième classe.	173 Tomberées & demie.	Marne jaune de la Breteche, du No 7, 20 Tomberées, & 5 de Farine fossile.	Marne grise Sablonneuse du No 11, 25 Tomberées.	Marne pierreuse des environs de Chinon du No 13, 25 Tomberées.	Marne grise du Châtaignier proche Amboise du No 3, 25 Tomberées.	Marne blanche pure du Pont de la Motte du No 2, 20 Tomberées.	

NOTA. Si l'on suivoit exactement le Résultat des Expériences faites pour connoitre le degré de nécessité du mélange, on verroit que pour améliorer essentiellement les Terres ci-jointes de la Province, l'Engrais ou le Diviseur devroit excéder le nombre des Tomberées indiquées dans chacune de ces Cases, puisque pour amender, par exemple, un arpent de Terre Sablonneuse composé de 100 chainées, au lieu de 25 ou 30 Tomberées, il en faudroit jusqu'à 260, & ainsi des autres espéces; mais comme il est beaucoup plus facile & plus avantageux de mêler avec la Terre l'Engrais naturel, lorsqu'il est en petite quantité, la bonne méthode est de s'en tenir d'abord au nombre de Tomberées constatées par l'usage des Laboureurs & spécifiées dans les Cases d'affinité de cette Table; d'autant qu'après avoir amélioré ces Terres avec des Engrais naturels, on doit revenir nécessairement les années suivantes à l'usage des fumiers des animaux préparés suivant les différentes méthodes détaillées dans ce Mémoire. Il est même fort utile de joindre à toutes les espéces de Marnes un tiers de ces fumiers, & d'allier souvent les mêmes Marnes les unes avec les autres, ou avec des Terres d'un caractére opposé à celles qu'on veut amender : au reste c'est au Cultivateur de la Province à se convaincre par lui-même de la bonté & de l'efficacité des moyens indiqués pour connoitre la nature de ses Terres, & pour les fertiliser, afin d'augmenter ou diminuer les quantités, ou varier les espéces ci-dessus spécifiées.

Le *Précis de l'Éducation des Vers à Soie*, du même Auteur, ſe trouve à Paris chez le Sieur Deſpilly, Libraire rue S-Jacques à la vieille Poſte, & à Tours chez Lambert.

www.ingramcontent.com/pod-product-compliance
Ingram Content Group UK Ltd.
Pitfield, Milton Keynes, MK11 3LW, UK
UKHW021313190726
13839UKWH00007B/1343